纺织服装高等教育"十二五"部委级规划教材

服装设计创意指南

辛芳芳　朱晶晶 纪晓燕 编著

U0377528

东华大学出版社

·上海·

图书在版编目（CIP）数据

服装设计创意指南/辛芳芳，朱晶晶，纪晓燕编著.—上海：东华大学出版社，2015.1

ISBN 978-7-5669-0620-5

I.①服…II.①辛… ②朱… ③纪… III.①服装设计-指南 IV.①TS941.2-62

中国版本图书馆CIP数据核字（2014）第220047号

投稿邮箱：xiewei522@126.com

责任编辑：谢　未
版式设计：王　丽

服装设计创意指南
Fuzhuang Sheji Chuangyi Zhinan

编　著：辛芳芳 朱晶晶 纪晓燕
出　版：东华大学出版社
（上海市延安西路1882号　邮政编码：200051）
出版社网址：http://www.dhupress.net
天猫旗舰店：http://dhdx.tmall.com
营销中心：021-62193056　62373056　62379558
印　刷：上海利丰雅高印刷有限公司
开　本：889mm×1194mm　1/16
印　张：9
字　数：312千字
版　次：2015年1月第1版
印　次：2015年1月第1次印刷
印　数：0001~3000
书　号：ISBN 978-7-5669-0620-5/TS · 537
定　价：48.00元

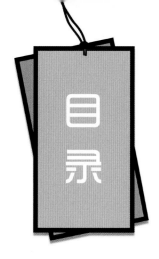

目录

CONTENTS

前言 /004

第一部分 服装廓型设计 /005

　　一、字母形廓型设计 /006

　　二、物象形廓型设计 /008

　　三、不规则形廓型设计 /010

第二部分 服装部件设计 /011

　　一、结构线设计 /012

　　二、省道设计 /016

　　三、领型设计 /018

　　四、肩部设计 /025

　　五、门襟设计 /027

　　六、袖型设计 /034

　　七、腰部设计 /039

　　八、口袋设计 /042

　　九、下摆设计 /045

第三部分 服装装饰工艺设计 /050

　　一、缠绕、褶裥设计 /051

　　二、流苏设计 /062

　　三、刺绣设计 /065

　　四、填充物设计 /066

　　五、布料造型设计 /067

　　六、绳、带设计 /069

　　七、镂空设计 /073

　　八、钉绣设计 /076

第四部分 服装材料设计 /082

　　一、皮草与皮革设计 /083

　　二、蕾丝面料设计 /089

　　三、金属感面料设计 /094

　　四、塑胶、聚脂材料设计 /096

　　五、涂层面料设计 /099

　　六、牛仔面料设计 /100

　　七、手工印染面料设计 /101

第五部分 服装图案设计 /102

　　一、都市题材图案设计 /103

　　二、几何图案设计 /109

　　三、自然风景图案设计 /112

　　四、民族风格图案设计 /116

　　五、动物图案设计 /123

　　六、拼贴图案设计 /126

第六部分 服饰搭配设计 /128

　　一、整体设计 /129

　　二、头饰与帽子设计 /132

　　三、妆容设计 /136

　　四、颈饰设计 /138

　　五、手饰设计 /139

　　六、鞋靴设计 /141

■ 前 言

　　时代飞速发展的今天，服装设计不仅内容日趋完善，而且更新速度越来越快，潮流更替已经成为服装设计行业的最大特点。根据这一特点和现状，本书收集并整理了近年来著名品牌和设计新秀的代表性作品，目的是根据设计要素对当代服装设计的潮流趋向进行分类研究，以帮助读者了解行业动态和趋势。

　　本书内容主要由图片资料组成，内容涉及服装廓型设计、服装部件设计、服装装饰工艺设计、服装材料设计、服装图案设计以及服饰搭配设计，在展示整体风格效果的同时也放大局部细节，并配合少量文字帮助读者观察和理解。

　　本书的内容均来源于近两年来国际时装设计领域的最新作品，在大量的设计资料中，编者甄选了部分具有代表性的作品，力求具有较高的代表性和参考性，并能集中体现当前服装行业的设计风格和设计方向。

　　本书适合服装专业的学生及相关行业的从业人员、爱好者阅读使用，对于服装设计的学习和研究具有较高的参考意义。

　　由于时间和资源的限制，本书在编写中一定存在不足和欠缺之处，敬请专家及同行指正。

编者
2014 年 11 月

第一部分

服装廓型设计

"时装是建筑学，它跟比例有关"。

——可可·夏奈尔（Coco Chanel）

　　服装廓型是指服装外部的造型轮廓，是服装造型的根本。服装廓型可大致分为三种：字母形、几何形和物象形。字母形是按照服装的外形，以相似的字母来进行分类，常用的字母形有 H 形、A 形、T 形、O 形和 X 形，也有细分成 I 形、M 形、U 形、V 形和 Y 形等字母形；几何形分类是用几何形状对服装外形作概括性描述，例如三角形、方形、圆形、梯形等；物象形分类是根据服装的形似物象来进行分类，常见的有喇叭形、气泡形、郁金香形、酒瓶形、酒樽形、酒杯形等。服装的廓型直接反映出时代感和服装风格，是区别和描述服装的主要特征。服装设计师应从廓型的更替中，分析出服装演变的规律和趋势，更准确地把握服装市场的节奏和潮流需求。

一、字母形廓型设计（图1-1、图1-2）

I形连身裙

I形连身裙

I形休闲装

I形连身裙

H形连身裙

H形连身裙

H形中长外套

H形修身套装

H形大衣

H形宽松大衣

T形休闲装

T形裙装

图1-1 字母形廓型设计1

X 形连身裙

X 形连身裙

X 形连身裙

X 形连身裙

A 形连身裙

A 形连身裙

A 形披风式连身裙

A 形加厚连身裙

A 形披挂式大衣

A 形宽松大衣

O 形外套

O 形外套

图 1-2 字母形廓型设计 2

二、物象形廓型设计（图1-3、图1-4）

茧形上装

茧形风衣

茧形裙装

茧形宽松大衣

茧形连身裙

茧形皮草大衣

花蕾形连身裙

花蕾形多节裙

郁金香形连身裙

郁金香形连身裙

酒樽形宽松罩裙

酒樽形宽松罩裙

图1-3 物象形廓型设计1

纺锤形套裙

纺锤形大衣套装

纺锤形套装

纺锤形套裙

梯形套裙

梯形多节裙

梯形裙装

梯形长裙

梯形连身裙

梯形多节连身裙

喇叭形圆肩套装

喇叭形下摆长裙

图1-4 物象形廓型设计 2

三、不规则形廓型设计（图1-5）

不规则连身裙　　　　　不规则宽摆连身裙　　　　不规则修身针织套装　　　不规则立体造型连身裙

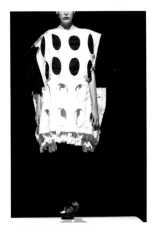

不规则球体连身裙　　　　不规则箱体连身裙　　　　不规则镂空连身裙　　　　不规则镂空连身裙

不规则连身装　　　　　　不规则分割连身裙　　　　不规则分割套装　　　　　不规则立体造型连身裙

图1-5 不规则形廓型设计

第二部分

服装部件设计

"设计是一种永恒的挑战，它要在舒适和奢华之间、实用与梦想之间取得平衡"。

——唐纳·卡兰 (Donna Karan)

　　服装部件设计是指服装局部细节的造型设计。局部细节主要指的是服装廓型内部的零部件的边缘形状和内部结构的形状，如领子、袖子、肩部、门襟、口袋以及服装上的分割结构线、省道，褶裥等结构。细部设计的方法主要有变形法、移位法、实物法和材料转换法四种。变形法是将原有的造型细节根据流行或设计需求，进行适当的调整和修改；移位法是指对设计原型的构成内容等不做实质性改变，只是移动位置的处理方法；实物法是指根据服饰材料，利用类似于立裁的方法在实践中直接成型，产生出具有更多自由性和偶发性的造型方法；材料转化法是指通过变化原有的制作材料，例如借助色彩、图案或肌理等设计要素的变化获得新颖的设计效果。

　　部件的形态、种类、数量以及制作材料，决定服装的具体构成和内容。部件设计可以增强服装的形式美感和功能性，也引导和体现潮流中的流行元素。

一、结构线设计（图2-1~图2-4）

层叠造型的结构线设计

解析结构的结构线设计

解析结构的结构线设计

立体造型的结构线设计

拼接结构的结构线设计

堆叠造型的结构线设计

立体拼接造型的结构线设计

不对称堆叠造型的结构线设计

图 2-1 结构线设计 1

不对称衣片的结构线设计　　　创意袖片的结构线设计　　　创意袖片的结构线设计　　　创意衣片的结构线设计

不对称衣片的结构线设计　　　立体胸腰部的结构线设计　　　立体造型的结构线设计　　　夸张连身裙的结构线设计

图 2-2 结构线设计 2

Creative ideas for Fashion Design

条纹拼接套装结构线设计

条纹外套拼接结构线设计

条纹连身裙结构线设计

条纹连身衣结构线设计

条纹拼接结构线设计

条纹连身裙结构线设计

拼接外套结构线设计

条纹裙装结构线设计

图 2-3 结构线设计 3

镂空皮裙的结构线设计

镂空外套的拼接结构线设计

镂空皮裙的拼接结构线设计

镂空套裙的拼接结构线设计

镂空皮裙的拼接结构线设计

镂空外套的拼接结构线设计

镂空外套的装饰结构线设计

镂空套裙的拼接结构线设计

图 2-4 结构线设计 4

二、省道设计（图2-5、图2-6）

装饰线中的省道设计　　　　装饰线中的省道设计　　　　领部装饰线中的省道设计　　　　插肩袖中的省道设计

装饰线中的省道设计　　　　装饰线中的省道设计　　　　装饰线中的省道设计　　　　装饰线中的省道设计

图2-5 省道设计1

套装的省道设计　　　　　套裙下摆的省道设计　　　　　连身裙腰部省道设计　　　　　堆叠上装的省道设计

堆叠造型的省道设计　　　　　立体造型的省道设计　　　　　连身裙的臀部省道设计　　　　　套装省道设计

图 2-6　省道设计 2

三、领型设计（图2-7～图2-13）

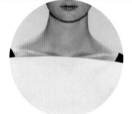

一字领

V字领

方形领

大V字领

深V字领

倒梯形领

圆圈领

深倒梯形领

图2-7 领型设计1

圆领

齐颈窝点的圆领

花齿形圆领

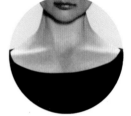
铜盘领

一字领

花形宽圆领

花齿形U形领

U形领

图 2-8 领型设计 2

深倒梯形领

不对称深 V 字领

不对称宽 V 字领

不对称高 V 字领

不对称深领

不对称褶皱 V 字领

不对称缠绕式 V 字领

系带式 V 字领

图 2-9 领型设计 3

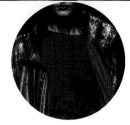

贴脖的圆弧形小立领　　　　宽松外套的休闲立领　　　　创意驳领　　　　皮质短外套的大立领

皮装弧形小立领　　　　皮装翻折领　　　　皮装大驳领　　　　皮装戗驳领

图 2-10 领型设计 4

弧形小褶皱领

多层褶裥花边领

装饰褶裥领

层叠设计的立领

小驳领

双层曲线弧形领

曲线弧形领

褶裥设计的领口

图 2—11 领型设计 5

飘带领

褶裥装饰的领口

搭配领结的衬衫领

宽镶边大领口

小戗驳领

镶色青果领

双排扣驳领

风衣西装领

图 2-12 领型设计 6

男式翻折小衬衫领

男式茄克领

男式针织茄克领

男式茄克拉链式立领

男式单排扣西装驳领

男式衬衫小立领和西装青果领

男式衬衫小立领和西装缎面青果领

男式西装单排扣戗驳领

图 2-13 领型设计 7

四、肩部设计（图2-14、图2-15）

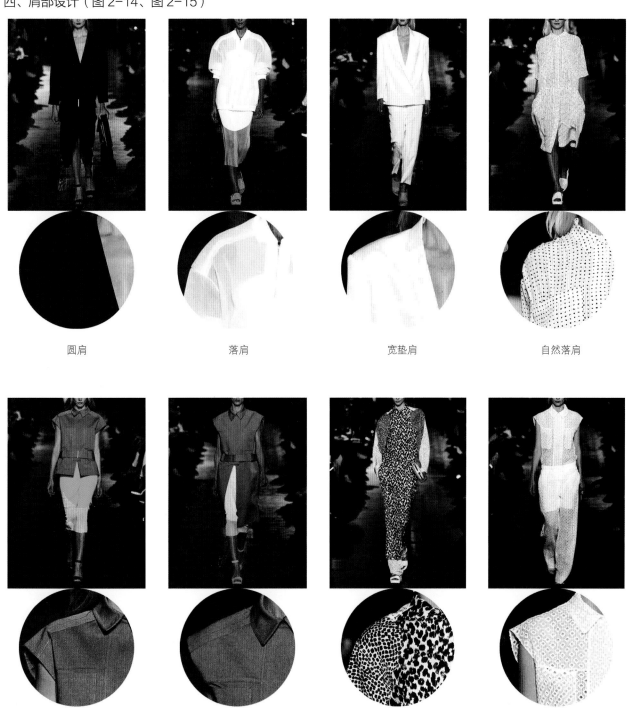

圆肩　　　　　　　落肩　　　　　　　宽垫肩　　　　　　自然落肩

加长的肩宽　　　　前移的肩线　　　　面料拼贴的落肩　　加长的肩宽

图 2-14　肩部设计 1

圆领与加大的肩斜线

一字领与加大的肩斜线

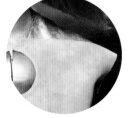

圆领与加长的肩宽

一字领与加长的肩宽

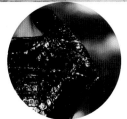

加大的肩斜线

加大的肩斜与低落肩

自然成形的肩部

聚酯材料自然成形的肩部

图 2-15 肩部设计 2

五、门襟设计（图 2-16 ~ 图 2-22）

裙装不对称斜门襟

裙装不对称门襟

立领短外套门襟

双层门襟

立领短风衣外套门襟

翻折领短风衣外套门襟

翻折领短外套门襟

双层短风衣门襟

图 2-16 门襟设计 1

单排扣双层风衣门襟

单排扣短外套门襟

双层双排扣皮装风衣门襟

镶皮茄克门襟

双排扣皮装风衣门襟

双层单排扣皮装风衣门襟

双层双排扣皮装风衣门襟

双排扣镶皮短外套门襟

图 2-17 门襟设计 2

拼贴皮茄克门襟

系腰式皮质上装门襟

立领皮茄克门襟

双排扣皮大衣门襟

针织长外套门襟

无领皮质长外套门襟

仿皮草大衣门襟

针织毛领休闲大衣门襟

图 2—18 门襟设计 3

双排扣休闲西装门襟

束腰式休闲装门襟

双排扣戗驳领西装门襟

休闲连身裙拉链式门襟

针织短大衣别针式斜门襟

毛领休闲长外套拉链式门襟

彩色拼贴休闲长外套门襟

宽领休闲大衣门襟

图 2-19 门襟设计 4

大块面拼贴的装饰性斜门襟

直线条装饰的斜门襟

镶边式斜门襟

滚边式斜门襟

装饰性单排扣斜门襟

翻折领口的弧线形斜门襟

拼贴悬垂的斜门襟

不规则弧线形斜门襟

图 2—20 门襟设计 5

男式 T 恤斜门襟

小弧立领式男茄克门襟

牛仔外套门襟

连帽式男茄克拉链门襟

小立领式皮茄克拉链门襟

驳领式皮茄克拉链门襟

连帽式皮衣短领口门襟

翻领式男茄克门襟

图 2-21 门襟设计 6

男式收腰型茄克门襟

男式连帽外套门襟

男式休闲外套门襟

男式宽领休闲外套门襟

男式迷彩连帽式长茄克门襟

男式两粒扣西装门襟

男式青果领西装门襟

男式休闲西装大衣门襟

图 2-22 门襟设计 7

Creative ideas for Fashion Design

六、袖型设计（图2-23～图2-27）

不完全装袖

褶裥不完全装袖

抽褶装袖

分割线插肩袖

不规则袖口的装袖

不规则袖口的装袖

立体面料的装袖

蕾丝面料的装袖

图2-23 袖型设计1

皮草装饰装袖

镶拼袖口装袖

缀饰袖口装袖

立体造型装袖

立体面料装袖

落肩绗缝装袖

流苏宽口装袖

落肩宽口装袖

图 2-24 袖型设计 2

Creative ideas for Fashion Design —

宽口连袖　　　　　　　荷叶边连袖　　　　　　皮草装饰连袖　　　　　拼接宽松连袖

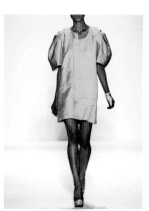

褶裥插肩短袖　　　　　袖口抽褶插肩袖　　　　肩部抽褶插肩袖　　　　肩部抽褶插肩袖

图 2-25 袖型设计 3

翻边小灯笼袖

突出肩部的灯笼袖

灯笼褶袖

镂空灯笼袖

缎面灯笼袖

蕾丝装饰的灯笼袖

垂荡形灯笼袖

褶裥设计的灯笼袖

图 2—26 袖型设计 4

不完全羊腿袖

褶裥设计的羊腿袖

强调肩部的羊腿袖

落肩羊腿袖

折叠设计的羊腿袖

透明夸张的羊腿袖

包裹形羊腿袖

突出肩部的羊腿袖

图 2-27 袖型设计 5

七、腰部设计（图2-28～图2-30）

褶裥、流苏设计的腰部

褶裥、缠绕设计的腰部

褶裥缠绕的腰部

多层褶皱设计的腰部

褶裥、缠绕设计的腰部

缠绕、流苏设计的腰部

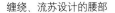
缠绕、流苏设计的腰部

褶皱设计的腰部

图2-28 腰部设计1

宽褶裥腰部设计　　　　　褶裥腰部设计　　　　不规则褶裥腰部设计　　　　多层褶裥腰部设计

低腰节不规则褶裥腰部设计　　　低腰节褶裥腰部设计　　　高腰节褶裥腰部设计　　　高腰节褶裥腰部设计

图 2-29 腰部设计 2

高腰节的腰部设计

低腰节腰部设计

上下呼应的腰部设计

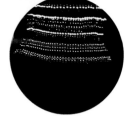

低腰节腰部设计

上下呼应的腰部设计

低腰节腰部设计

低腰节腰部设计

低腰节腰部设计

图 2-30 腰部设计 3

八、口袋设计（图2-31～图2-33）

下装的圆形挖袋

上装的圆形挖袋

上装的袋盖贴袋

大衣上的挖袋

短外套上的袋盖贴袋

长外套上的拉链贴袋

长风衣上的开线袋

大衣上的贴袋

图2-31 口袋设计1

外置式有袋盖拉链贴袋

外置式拉链贴袋

外置式圆角拉链贴袋

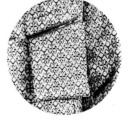

外置式斜拉链贴袋

同色外置式拉链贴袋

外置式拉链贴袋

外置式结构线处的贴袋

异色斜插袋

图 2-32 口袋设计 2

Creative ideas for Fashion Design —

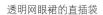

透明网眼裙的直插袋

弧形拉链直插袋

弧形拉链直插袋

弧形拼贴拉链直插袋

拼色斜插袋

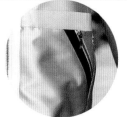

直线形拉链直插袋

弧形拉链直插袋

弧形拼贴拉链直插袋

图 2-33 口袋设计 3

九、下摆设计（图2-34～图2-38）

不规则毛边处理的下摆

斜向袖口下摆

斜向毛边处理摆裙下摆

多层垂褶的上衣下摆及袖口

多层垂褶的摆裙下摆及上衣下摆

多层垂褶堆积的摆裙下摆及袖口

多层垂褶的摆裙下摆及袖口

多层垂褶堆叠的上衣下摆

图 2-34 下摆设计 1

前开衩不对称下摆

拉链前侧开衩下摆

皮草镶边式下摆

宽松折叠下摆

双层宽下摆

荷叶边下摆

合体折叠型下摆

双层折叠下摆

图 2-35 下摆设计 2

| 包裹式不对称下摆 | 侧开衩双层下摆 | 折叠式宽下摆 | 宽折叠式下摆 |

| 包裹式下摆 | 不对称斜裁下摆 | 不规则弧形宽下摆 | 双层宽下摆 |

图 2-36 下摆设计 3

Creative ideas for Fashion Design

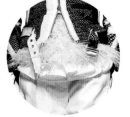

纵向分割的下摆　　　里外搭配的上装下摆　　　流苏装饰的下装下摆　　　褶裥的上装下摆

蕾丝裙下摆　　　里外搭配的上装下摆　　　褶裥的上装下摆　　　里外搭配的上装下摆

图 2-37 下摆设计 4

布边、毛边制作的下摆

布边、毛边制作的拼缝、门襟与下摆

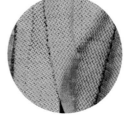

毛边的门襟、袖口与下摆

毛边的拼缝与下摆

毛边的横向拼缝与下摆

毛边的横向拼缝与下摆

毛边面料拼贴与下摆

毛边与流苏制作的结构线与下摆

图 2—38 下摆设计 5

Creative ideas for Fashion Design

第三部分
服装装饰工艺设计

"我设计的不是衣服，我设计的是梦想"。

——拉尔夫·劳伦（Ralph Lauren）

服装装饰工艺设计是指采用工艺的方法，在服装造型上进行装饰设计，目的是增强服装的美感或提高功能性。装饰工艺种类众多，总体上可以分为两类：一类是结构装饰，是指不使用附加物而利用服装本身的结构进行变化的装饰，例如雕、挖、镂空等平面装饰工艺；二是附加性装饰，指直接用带有装饰性的物品附加在服装上进行的装饰，例如缠绕、流苏、刺绣、填充物设计、布料造型设计、绳、带等立体装饰工艺。装饰工艺可以单独使用，也可以组合使用，装饰手法千变万化，可以塑造出各种风格和造型。装饰工艺除上述工艺方法之外，还有缀、镶、嵌、滚、荡、盘等特殊工艺。

一、缠绕、褶裥设计（图3-1 ~ 3-11）

不对称缠绕裙装　　　　对称褶裥连身裙　　　　对称褶裥连身裙　　　　悬挂式褶裥连身装

对称褶裥荡领连身裙　　　褶裥连身裙　　　　不对称褶裥连身裙　　　　对称褶裥连身裙

图3-1 缠绕、褶裥设计1

Creative ideas for Fashion Design

层叠设计的上衣

褶裥、层叠设计的裙装

褶裥、层叠设计的连身裙

褶裥上衣与层叠设计的裙装

褶裥上衣及层叠设计的裙装

褶裥上衣及层叠设计的裙装

褶裥上衣及褶皱裙装

褶裥、层叠设计的上衣和裙装

图 3-2 缠绕、褶裥设计 2

透明层叠设计的裙装　　　　褶裥、层叠设计的上衣和裙装　　　　褶裥上衣及层叠设计的裙装　　　　褶裥、层叠设计的上衣和半裙

褶裥及地长裙　　　　褶裥、羽毛设计的及地长裙　　　　褶裥、层叠设计的宽摆长裙　　　　褶裥、层叠设计的宽摆长裙

图 3-3 缠绕、褶裥设计 3

Creative ideas for Fashion Design

缀饰褶皱连身裙

褶皱弧形下摆连身裙

缀饰褶皱上装及裤子

褶皱连帽式长裙

褶皱领礼服裙

不对称褶皱礼服裙

夸张灯笼袖蝴蝶结式鱼尾裙

包裹式褶裥宽摆礼服裙

图 3-4 缠绕、褶裥设计 4

短裤腰部的折叠设计

连身裙肩袖部褶裥设计

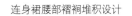

连身裙腰部褶裥堆积设计

宽松外套胸、腰部堆积设计

连身裙胸、腰部缠绕设计

宽松连身裙领部褶裥设计

礼服裙装肩部褶裥设计

连身裙胸、腰褶皱设计

图 3-5 缠绕、褶裥设计 5

Creative ideas for Fashion Design

填充物立体造型设计的裙装　　填充物立体造型设计的创意装　　填充物立体造型设计的创意连身裙　　填充物立体造型设计的不对称创意装

填充物立体造型设计的创意连身裙　　填充物立体造型设计的创意连身裙　　填充物立体造型设计的创意连身裙　　填充物立体造型设计的创意装

图 3-6 缠绕、褶裥设计 6

短装的胸部褶裥堆积

短上装的胸部、肩袖部褶裥堆积

连身裙的胸部、肩袖部褶裥堆积

连身裙的胸部、腰部、肩袖部
褶裥堆积

连身裙的胸部与裙片的褶裥堆积

连身裙胸腰部的褶裥堆积

长款连身裙胸部与下摆的褶裥堆积

长款连身裙裙片的褶裥堆积

图 3-7 缠绕、褶裥设计 7

Creative ideas for Fashion Design

长款连身裙裙片的褶裥堆积

连身裙上肌理面料的镂空、褶裥
及层叠排列设计

连身裙上肌理面料的镂空、褶裥、
盘绕及层叠排列设计

连身裙上肌理面料的褶裥和层
叠排列设计

连身裙上面料的镂空与层叠
设计

连身裙上面料的镂空与层叠设计

连身裙上肌理面料、辅料排列
组合设计

连身裙上面料层叠设计出肌理
与质感

图3-8 缠绕、褶裥设计8

缀饰面料的夸张 A 形裙

梯形裙上缀饰面料的褶裥、层叠设计

层叠设计的宽肩创意裙装

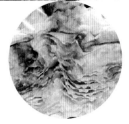

层叠设计的创意裙装

层叠设计的创意裙装

层叠设计的创意及地裙装

层叠设计的创意夸张及地裙装

层叠设计的宽肩及地创意裙装

图 3-9 缠绕、褶裥设计 9

荡领的自然褶皱设计

腰部的自然褶皱设计

胸腰部的自然褶皱设计

胸腰部的自然褶皱设计

腰部的自然褶皱设计

腰部的自然褶皱设计

腰部的自然褶皱设计

裙侧缝的自然褶皱设计

图 3—10 缠绕、褶裥设计 10

裙下摆的自然褶皱设计

紧身衣的自然褶皱设计

胸部与下摆的自然褶皱设计

裙下摆的自然褶皱设计

胸腰部的自然褶皱设计

裤腰臀部的自然褶皱设计

裙身的自然褶皱设计

肩部与腰部的自然褶皱设计

图 3—11 缠绕、褶裥设计 11

二、流苏设计（图3-12~3-14）

颈部流苏设计

肩部流苏设计

裙身流苏设计

腰部长流苏设计

下摆流苏设计

包饰流苏设计

下摆流苏设计

下摆流苏设计

图3-12 流苏设计1

下摆长流苏设计

腰部流苏设计

下摆长流苏设计

下摆长流苏设计

裙身流苏设计

裙身流苏设计

下摆长流苏设计

裙身长流苏设计

图 3-13 流苏设计 2

披挂式布条流苏装　　　披挂式布条流苏连身裙　　披挂式布条流苏连身裙　　披挂式布条流苏宽松连身裙

披挂式布条流苏裙装　　　披挂式布条流苏裙装　　　流苏与横条组合设计的解构上装　　流苏下摆的合体长大衣

披挂式编结流苏上下装　　披挂式布条流苏上装　　　布条流苏裙　　　　　　　针织上装的流苏下摆与布条流
苏的裙装

图 3-14 流苏设计 3

三、刺绣设计（图 3-15）

口袋位的立体珠绣

领口位的立体珠绣

领肩位的立体珠绣

门襟边的立体珠绣

门襟与袋盖上的立体珠绣

门襟左右的立体珠绣

宽门襟上的立体珠绣

公主线位的立体珠绣

图 3-15 刺绣设计

四、填充物设计（图3-16）

镶嵌亮钻的填充面料

弧形造型填充物

填充物的套裙

填充物面料制作的浮雕效果连身裙

填充物的彩色创意连身裙

填充物的弧线创意连身裙

填充物的套裙

填充物的套裙

图 3-16 填充物设计

五、布料造型设计（图 3-17、图 3-18）

立体花饰面料的短裙

立体花饰面料的连身裙

立体花饰面料的裙下摆

立体花饰面料的裙装设计

立体花饰面料的连身裙

立体花饰面料的上装

立体花饰面料的裙装

立体花饰面料的连身裙腰身

图 3-17 布料造型设计 1

脸部的立体花饰

短裙下摆的立体花饰

长裙下摆的立体花饰

短上装的立体花饰

胸部的立体刺绣

上装的立裁布块

配合裙装的立体面罩

胸部的立体花饰

图 3-18 布料造型设计 2

六、绳、带设计（图 3-19 ~ 3-22）

裙片上的创意盘带

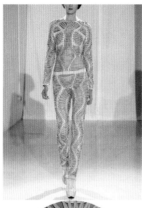

上下装上的编带

配合造型需要的透明绳带

裙片上的创意盘带

褶裥带的创意造型

绳、带的创意造型

绳、带的创意造型

绳、带的创意造型

图 3-19 绳、带设计 1

Creative ideas for Fashion Design

民族图案的盘带

宝石链横向缠绕装饰的连身裙

宝石链缠绕装饰的连身裙

腰部系绳、系带设计

交叉编织织带形成块面

纵向排列织带形成块面

横向排列织带形成块面

横向排列织带形成块面

图3-20 绳、带设计2

民族图案的盘带　　　　　几何图案的编带　　　　　民族图案的盘带　　　　　几何图案的编带

民族图案的编带　　钉亮片与流苏条在连身裙上的线行排列装饰　　排列织带形成的块面　　交叉编织织带形成的块面

图 3-21　绳、带设计 3

071

肩部的绳带

袖片的绳带

裤片的绳带

胸部的绳带

肩部的绳带

编织绳带形成的块面

编织绳带形成的块面

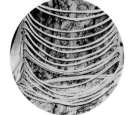

自由悬垂的绳带

图 3—22 绳、带设计 4

七、镂空设计（图3-23 ~图3-25）

领部与裤片的雕绣镂空

领部的镂空与提花缀饰对应

与外套提花缀饰呼应的雕绣衬衫与长裤

前衣片的雕绣镂空

领部的彩色镂空

衣片缀饰与镂空长裤

衣片的镂空与提花组合

衣片的镂空与提花组合

图 3-23 镂空设计 1

领部、腰部的镂空面料　　　　领部、下摆部位的镂空面料　　　镂空面料与缀饰组合　　　　　镂空面料与切割线条组合

镂空面料与缀饰组合搭配　　　镂空面料与提花、盘绣的组合搭配　　镂空面料与缀饰、盘绣的组　　镂空面料与横向切割线条
　　　　　　　　　　　　　　　　　　　　　　　　　　　　合搭配　　　　　　　　　　　组合

图 3-24 镂空设计 2

镂空面料的领胸部　　　　镂空面料的袖、腰部　　　　镂空面料的肩、袖部　　　　镂空面料的肩、袖部

镂空面料的领、胸部　　　　镂空面料的裙身　　　　镂空面料的肩部　　　　镂空面料的领、胸部

图 3-25 镂空设计 3

Creative ideas for Fashion Design —

八、钉绣设计（图3-26～图3-31）

领部的亮钻、珠绣

肩部的亚克力镶嵌

腰部的镶钻

腰部的镶钻

领、胸、下摆的缀饰辅料

腰部的镶钻

前片特殊肌理面料的排列

腰部人造钻与亚克力的组合

图 3-26 钉绣设计 1

裙装的亚克力堆积

裙腰的钉珠

配合面料的腰部镶钻

前片特殊肌理面料的排列

面料的布料造型肌理

配合面料的腰部镶钻

贴亚克力面料的裙装

面料的布料造型肌理

图 3-27 钉绣设计 2

Creative ideas for Fashion Design

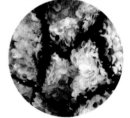

礼服彩色亮片的缀饰

裙装上的钉钻缀饰

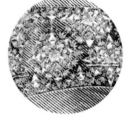

裙装上的钉钻缀饰

裙装上的亮片排列

裙装上的几何形亮片

裙装胸腰的布料造型

裙装上的辅料与布料造型

裙装上部的亮片面料

图 3-28 钉绣设计 3

织绣面料的连身裙

织绣面料的高腰连身裙

织绣面料的贴布绣

织绣面料的高腰连身裙

亮片绣装饰裙装

羽毛装饰裙装

羽毛装饰裙装

羽毛装饰裙装

图 3-29 钉绣设计 4

Creative ideas for Fashion Design

钉珠绣小礼服裙　　　　　　钉珠绣礼服裙　　　　　　钉珠绣礼服裙　　　　　　钉珠绣礼服裙

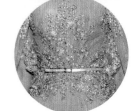

钉珠绣礼服裙　　　　　　钉珠绣礼服裙　　　　　　钉珠绣礼服裙　　　　　　钉珠绣礼服裙

图 3-30 钉绣设计 5

珠绣面料礼服裙　　　烫钻、珠绣面料礼服裙　　　珠绣面料礼服裙　　　珠绣面料单肩礼服裙

亮片珠绣礼服裙　　　亮片珠绣礼服裙　　　亮片珠绣单肩礼服裙　　　亮片珠绣礼服裙

图 3-31 钉绣设计 6

Creative ideas for Fashion Design

第四部分
服装材料设计

"风格首先是一种本能、直觉"。

——比尔·布拉斯（Bill Blass）

　　服装材料设计是指对构成服装的所有材料进行选择和设计。服装材料主要分为面料和辅料两大类。面料是指服装表面的主要使用材料，面料的色彩、图案、肌理、光泽、悬垂性、硬挺度赋予服装外观以主要的视觉属性；面料的成分特点，例如透气性、保暖性、弹性、吸附性、护理性等则赋予服装以服用舒适性能，面料的种类有天然纤维面料和化学纤维面料两大类别。辅料是指服装材料中除了面料之外的所有其他用料，在服装造型中起着辅助作用，包括有里料、衬料、填充料、闭合件、缝纫材料以及装饰材料等，辅料在服装的构成中主要起到装饰、保暖、缝合、扣紧、撑垫等作用。服装材料的种类丰富，采用不同的造型设计和制作工艺可以设计出千变万化的风格和效果。

一、皮草与皮革设计（图 4-1 ~ 图 4-6）

皮草面料上装

皮草面料围巾

皮草面料长大衣

皮草面料上装

皮草面料长上装皮草

皮草面料长大衣

彩色皮草面料大衣

彩色皮草面料大衣

图 4-1 皮草设计 1

领、袖部的皮草面料

镶拼皮草面料大衣

皮草面料披肩与半裙

仿皮草面料的外套

仿皮草面料的外套

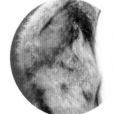

仿皮草面料的外套

袖部的皮草面料

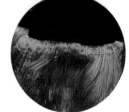

袖部、下摆的皮草面料

图 4-2 皮草设计 2

镶拼皮草面料上装　　　　镶拼皮草面料大衣　　　　皮草与皮革面料的镶拼　　　　镶拼皮草面料上装

镶拼双色皮草面料　　　　皮草面料与缎带的编织　　　　花形皮草面料上装　　　　编织镶边的皮草

图 4-3 皮草设计 3

皮草面料创意连身裙

皮草面料创意连身裙

皮草面料连身裙下摆

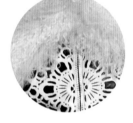

肩部的皮草面料

皮草面料创意连身裙

皮草面料创意连身裙

皮草面料连身裙下摆

皮草面料连身裙下摆

图 4-4 皮草设计 4

皮草连身裙下摆　　　皮革茄克与皮革裙　　　无袖皮革马甲与皮革裙　　　皮革风衣

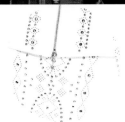

皮革铆钉外套　　　皮革铆钉套装　　　皮革缀链小外套　　　皮革铆钉小外套

图 4-5 皮革设计 1

Creative ideas for Fashion Design

皮革紧身套装

皮革紧身小外套

皮革合体大衣

皮革宽松大衣

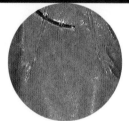

皮革休闲上装

皮革大衣

皮革休闲无袖套装

皮革休闲上装

图 4-6 皮革设计 2

二、蕾丝面料设计（图4-7～图4-11）

蕾丝面料与花边的镶拼

蕾丝面料与缠绕

蕾丝与透明面料组合

蕾丝与透明面料组合

蕾丝与透明面料组合

蕾丝珠绣

几何线条的蕾丝珠绣

蕾丝珠绣与透明面料组合

图4-7 蕾丝面料设计1

礼服裙的雕绣与缠绕

礼服裙的浮雕绣与蕾丝面料

礼服裙的蕾丝珠绣条纹

礼服裙的蕾丝珠绣条纹

礼服裙的浮雕式蕾丝珠绣

蕾丝礼服裙

蕾丝珠绣礼服裙

蕾丝礼服裙的雕绣与缠绕

图 4-8 蕾丝面料设计 2

蕾丝礼服裙

蕾丝与雕绣礼服裙

蕾丝与透明面料礼服裙

蕾丝与皮草面料礼服裙

蕾丝珠绣礼服裙

缠绕与蕾丝珠绣礼服裙

蕾丝雕绣礼服裙

不同蕾丝搭配的礼服裙

图 4-9 蕾丝面料设计 3

Creative ideas for Fashion Design

礼服裙的蕾丝钉绣盘带　　礼服裙的蕾丝珠绣、盘带、褶裥　　礼服裙的褶裥、盘带、蕾丝钉绣　　礼服裙的提花、蕾丝珠绣

礼服裙的蕾丝珠绣　　礼服裙的镶钻、蕾丝珠绣　　礼服裙的盘带、蕾丝钉绣　　礼服裙的镶钻、蕾丝珠绣

图 4-10 蕾丝面料设计 4

镂空蕾丝连身裙

镂空蕾丝连身裙

透明印花蕾丝连身裙

花型镂空蕾丝连身裙

镂空蕾丝裙装

蕾丝与钉绣工艺结合的裙装

蕾丝与钉绣工艺结合的连身裙

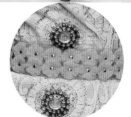

蕾丝与钉绣工艺结合的连身裙

图 4-11 蕾丝面料设计 5

Creative ideas for Fashion Design —

三、金属感面料设计（图 4-12、图 4-13）

金属感面料休闲装

金属感面料休闲装

金属感面料连身裙

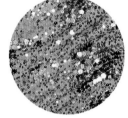

金色亮片面料礼服裙

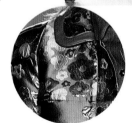

玫瑰金色提花休闲装

玫瑰金色提花休闲装

玫瑰金色印花休闲装

玫瑰金色印花休闲装

图 4-12 金属感面料设计 1

连身裙上的金属网眼材料

连身裙上的金属链

连身裙腰带的金属扣

连身裙金属链条腰带

连身裙上的金属链与金属扣

连身裙上的金属腰带与金属扣

连身裙上的亚克力与金属网眼
材料组合

连身裙上的金属网眼材料

图 4-13 金属感面料设计 2

四、塑胶、聚脂材料设计（图4-14～图4-16）

透明印花塑胶材料的休闲外套

透明印花塑胶材料的休闲外套

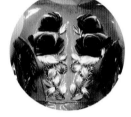

透明印花塑胶材料的连身裙

透明印花塑胶材料的休闲外套

半透明塑胶材料的宽松连身裙

透明塑胶材料的连帽外套

透明塑胶材料上的塑胶印花

透明塑胶材料上的编结

图4-14 塑胶、聚脂材料设计1

塑胶材料的宽松外衣

塑胶材料的宽松外衣

再生材料的连身裙

再生材料的连身裙

再生材料的短外套

再生材料的风衣

塑胶与涂层面料组合搭配的休闲装

塑胶与涂层面料组合搭配的休闲装

图 4-15 塑胶、聚脂材料设计 2

Creative ideas for Fashion Design

连身裙上的树脂网眼材料　　连身裙上的树脂网眼材料　　裙装上的树脂网眼材料　　连身裙上的树脂网眼材料

连身短裙上的盘绳　　连身裙上的树脂网眼材料　　连身裙上的树脂网眼材料　　连身裙上的树脂网眼材料

图 4-16 塑胶、聚脂材料设计 3

五、涂层面料设计（图4-17）

涂层褶皱面料连身裙上

涂层褶皱面料休闲装

涂层褶皱面料连身裙

涂层褶皱面料摆裙上

镂空硬质涂层面料连身裙上

镂空硬质涂层面料连身裙

镂空硬质涂层面料连身裙

镂空硬质涂层面料裙装

图4-17 涂层面料设计

六、牛仔面料设计（图4-18）

刺绣提花牛仔休闲裙装　　镶嵌金属链的压花牛仔休闲裙装　　镶嵌金属链的刺绣、压花牛仔连身裙　　镶嵌金属链的刺绣、压花牛仔连身裙

深色简洁牛仔休闲裙装　　深色简洁牛仔休闲裙装　　中袖牛仔大衣　　斗篷式牛仔休闲裙装

图4-18　牛仔面料设计

七、手工印染面料设计（图4-19）

连身裙上的抽象印染

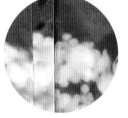

裙装上的抽象印染

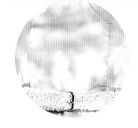

连身裙上的抽象印染

休闲装上的抽象印染

连身裙上的抽象印染

连身裙上的抽象印染

裙装上的抽象印染

连身裙上的抽象印染

图4-19 手工印染面料设计

第五部分

服装图案设计

"时尚女人穿衣服，不是衣服穿她"。

——玛丽·匡特（Mary Quant）

　　服装图案设计是服装设计中不可忽视的重要内容之一。服装图案设计包括面料本身的图案设计、印花图案设计、工艺图案设计、手绘图案设计等。服装图案的设计需要与服装造型设计、细节设计保持一致性或从属性，是服装审美属性的主要载体之一。服装图案设计分为整体图案设计和局部图案设计两种。整体图案设计是指服装整体效果的图案表现和效果，通常由具有大块面图案的面料构成；局部图案设计是指出现在服装局部的中小型图案设计，通常由特殊工艺、印花、手绘等设计加工完成。图案本身的美感与色彩、材质、工艺的协调，形成服饰的外在美和内在美的和谐统一，可产生或清纯淡雅、或粗犷奔放、或优雅细腻、或活泼洒脱等多种风格。

一、都市题材图案设计（图 5-1 ~图 5-6）

印花图案的休闲装

印花图案的休闲装

印花图案的连身裙

印花图案的休闲装

印花图案的休闲装

印花图案的连身裙

印花图案的休闲套装

印花图案的休闲装

图 5-1 都市题材图案设计 1

印花图案的连身裙　　　　　　印花图案的合体裙装　　　　　　印花图案的休闲裙装　　　　　　印花图案的休闲裙装

印花图案的连身裙　　　　　　印花图案的合体裙装　　　　　　印花图案的礼服裙　　　　　　印花图案的礼服裙

图 5-2 都市题材图案设计 2

印花图案的休闲裙装　　　　印花图案的休闲长上衣　　　　印花图案的休闲裙　　　　印花图案的休闲裙装

印花图案的休闲裙　　　　印花图案的休闲裙装　　　　印花图案的休闲裙　　　　印花图案的休闲外衣

图 5-3 都市题材图案设计 3

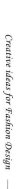

段染图案的男式休闲装

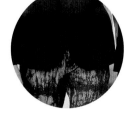

段染图案的男式休闲装

段染图案的男式休闲装

印花图案的男式休闲装

印花图案的男式休闲装

印花图案的男式休闲装

印花图案的男式休闲装

印花图案的男式休闲装

图 5-4 都市题材图案设计 4

多彩色印花、珠绣裙装　　　　多彩色印花、珠绣裙装　　　　多彩色印花、珠绣连身裙　　　　多彩色印花裙装

多彩色印花裙装　　　　多彩色印花、钉绣裙装　　　　异域风情的印花裙装　　　　局部彩绣的裙装

图 5-5 都市题材图案设计 5

连身裙的不同印花图案搭配　　　　连身裙的不同印花图案搭配　　　　休闲装的不同印花图案搭配　　　　连身裙的不同印花格子图案搭配

休闲装的不同印花图案搭配　　　　连身裙的印花图案　　针织休闲装横向异色搭配与印花围巾　　连身裙的不同几何形图案印花搭配

图 5-6　都市题材图案设计 6

二、几何图案设计（图 5-7 ~图 5-9）

点、线条搭配的休闲裙

点、线条搭配的休闲裙套装

点、线条搭配的休闲套装

点、线条搭配的休闲短套装

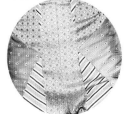

点、线条搭配的休闲短装

点、线条搭配的连身裙

点、线条搭配的休闲裙装

点、线条搭配的休闲套装

图 5-7 几何图案设计 1

格子图案连身裙

格子图案套装

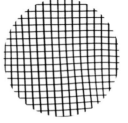

格子图案连身裙

格子图案套装

格子图案简约长大衣

几何纹的连身裙

几何纹的长外套

格子图案长大衣

图 5-8 几何图案设计 2

线、点装饰领部的连身裙

弧线分割的连身长裙

横线条渐变的连身长裙

直线对称的连身裙

条纹与直线搭配的休闲装

高腰黑白格子与条纹搭配的长裙

条纹与格子搭配的长裙

低腰黑白格子图案长裙

图 5-9 几何图案设计 3

Creative ideas for Fashion Design

三、自然风景图案设计（图5-10～图5-13）

海滩风景印花休闲装

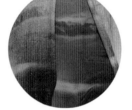

日出风景印花休闲装

花园风景印花礼服裙

海洋风景印花连身裙

海岸线风景印花休闲罩式外套

月夜风景印花休闲装

海滩风景印花休闲裙装

海滩风景印花休闲裙

图5-10 自然风景图案设计1

多色渐变休闲装

多色渐变休闲装

抽象印花休闲装

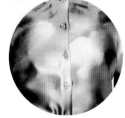

抽象印花裙装

渐变色风景图案印花休闲装

渐变色风景图案印花连身裙

抽象印花休闲装

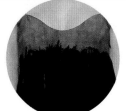

抽象印花裙装

图 5-11 自然风景图案设计 2

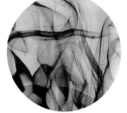

抽象图案印花连身裙

抽象图案印花连身裙

抽象图案印花休闲装

抽象图案印花连身裙

抽象图案印花连身裙

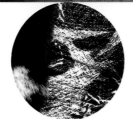

抽象图案印花休闲裙装

抽象图案印花连身裙

抽象图案印花休闲裙装

图 5-12 自然风景图案设计 3

连身裙上水果图案印花

休闲装上水果图案印花

休闲装上水果图案印花

休闲长装上水果图案印花

休闲外套上水果图案印花

休闲裙上水果图案印花

休闲长裤上水果图案印花

泳装上水果图案印花

图 5–13 自然风景图案设计 4

四、民族风格图案设计（图 5-14 ~图 5-20）

透明面料盘花刺绣的休闲裙装　透明面料盘花刺绣的休闲裙装　透明面料盘花刺绣的休闲装　透明面料盘花刺绣的休闲装

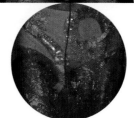

缎面盘花刺绣的休闲装　透明面料盘花金银丝刺绣的裙装　透明面料盘花金银丝刺绣的裙装　透明面料盘花刺绣的裙装

图 5-14 民族风格图案设计 1

地中海式印花连身裙

地中海式印花连身裙

地中海式印花休闲装

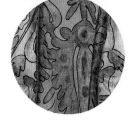

地中海式印花宽松套裙

地中海式印花休闲短装

地中海式印花连身裙

地中海式印花连身裙

地中海式印花合体连身裙

图 5-15 民族风格图案设计 2

花卉纹样的印花吊带裙

植物花卉纹样的印花和服长衫

火腿纹样印花合体连身裙

花卉纹样的印花连身长裙

花卉纹样的印花休闲装

花卉纹样的印花吊带裙

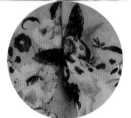
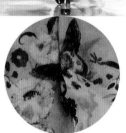

花卉纹样的透明印花长裙

花卉纹样的印花宽松长裙

图 5-16 民族风格图案设计 4

金色珠绣设计的休闲套装　　　　珠绣与流苏面料组合的连身裙　　　　缠绕式珠绣礼服裙　　　　腰部珠绣褶裥连身裙

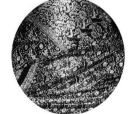

珠绣高腰连身裙　　　　花卉图案的宽摆长裙　　　　立体线绣的高腰连身裙　　　　单肩民族图案长裙

图 5-17 民族风格图案设计 5

民族图案印花裙装

民族图案印花休闲装

民族图案印花礼服裙

民族图案印花休闲套装

民族图案印花连身裙

民族图案印花礼服裙

民族图案印花休闲套装

民族图案印花礼服裙

图 5-18 民族风格图案设计 6

不同几何形图案拼贴组合的连身裙

多种风格印花图案拼贴组合的
连身裙

多种风格印花图案拼贴组合的
休闲裙装

不同几何形图案拼贴组合的连
身裙

多种风格印花图案拼贴组合的
连身裙

多种风格印花图案拼贴组合的
休闲裙装

彩色印花与单色编织组合的连
身裙

彩色印花与彩色编织组合的连
身裙

图 5-19 民族风格图案设计 7

花卉印花套装　　　　花卉印花套装　　　　条纹印花套装　　　　花卉印花不对称套装

花卉印花套装　　　　花卉印花拼贴套装　　　　花卉印花套装　　　　花卉印花套装

图 5-20 民族风格图案设计 8

五、动物图案设计（图5-21～图5-23）

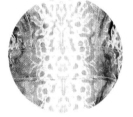

蛇纹与印花面料拼贴组合的连身裙　蛇纹与单色面料拼贴组合的连身裙　　　浅色蛇纹连身裙　　　　　蛇纹休闲套装

鬣狗斑纹与其他印花图案拼贴的　　深色鬣狗斑纹连身裙　　鬣狗斑纹与印花图案拼贴的连身裙　鬣狗斑纹的休闲连身裙
休闲连身裙

图5-21 动物图案设计1

豹纹长裙　　　　　　豹纹休闲长裤　　　　　　豹纹礼服裙　　　　　　豹纹衬衫与半截裙

豹纹休闲装　　　　　　豹纹礼服裙　　　　　　虎纹紧身长裙　　　　　　虎纹礼服裙

图 5-22 动物图案设计 2

蛇纹短裙

蛇纹上装

彩色蛇纹风衣外套

彩色蛇纹套装

豹纹合体连身裙

豹纹关门领连身裙

豹纹褶裙

豹纹连身裙及遮阳帽

图 5—23 动物图案设计 3

六、拼贴图案设计（图5-24、图5-25）

领部、肩部、腰部的蕾丝珠片拼贴　　领口、胸部的珠片拼贴　　领口、肩袖、胸腰的褶裥拼贴　　胸部亮片拼贴

上下衣片的不规则拼贴　　左右衣片的不规则拼贴　　门襟附近的不规则拼贴　　胸部的蕾丝拼贴

图 5-24 拼贴图案设计 1

横向分割块面的组合

镂空面料与透明面料的拼贴

块面分割及拼贴

块面分割及拼贴

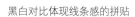

黑白对比体现线条感的拼贴

黑白对比体现线条感的拼贴

块面分割及拼贴

块面分割及拼贴

图 5-25 拼贴图案设计 2

127

第六部分
服饰搭配设计

"我喜欢把世界上最日常和最舒服的事物变成最奢华的东西"。

——马克·雅可布（Marc Jacobs）

现代的流行很大程度上可以说是穿着搭配方式的流行，时尚潮流越来越趋向于个性化，在个性化潮流中，服饰搭配对个性化潮流的演变起到了决定性的作用。服饰搭配设计主要指服装、配饰、妆容的组合搭配，具体有造型搭配、色彩搭配、图案搭配、肌理搭配等内容。服装搭配使得服装外观更为整体和典型，不同的搭配组合方式也可以产生不同的风格倾向，并能适应多种不同穿着场合的需要。

一、整体设计（图6-1～图6-3）

红蓝色格子围巾与素色休闲装搭配　素色衬衫与条纹休闲长裤搭配　细条纹背心与粗条纹短裤搭配　素色休闲装与条纹、印花配饰搭配

玫色宽松上装与针织紧身裤搭配　素色休闲装与格子围巾搭配　格子与印花图案搭配拼贴的连身裙　素色连身裙与格子围巾搭配

中性色连身裙与红蓝相间彩色围巾搭配　黄色系印花恤衫与格纹裙搭配　条纹连身裙与红蓝色印花围巾搭配　格子短袖上装与格子短裙搭配

图 6-1 整体设计 1

黄色长外衣与金色紧身裤搭配　　金黄色长外衣与金色紧身裤搭配　　金黄色印花图案外套与有光泽　　黄绿色印花图案外套与印花紧的宽松长裤搭配　　身裤搭配

金色印花图案的上下装搭配　　配饰设计与印花图案搭配　　趣味镂空图案上装搭配　　趣味镂空图案长上装搭配

图 6-2　整体设计 2

点、线对比和黑白搭配　　纵向线与点设计搭配　　面、线设计搭配　　面、线设计搭配，形成分割块面

面、线设计与弧形帽搭配　　面、线设计成趣味部件与弧形帽搭配　　直线条门襟领口设计与弧形帽搭配　　直线细节设计与弧形帽搭配

条纹设计与黑色面料搭配　　面、线设计成趣味部件与弧形帽搭配　　黑色与白色、凸显轮廓线条感的搭配　　黑色与白色突出领部、口袋等细节的搭配

图 6-3 整体设计 3

Creative ideas for Fashion Design ——

二、头饰与帽子设计（图6-4～图6-7）

主教式编结珠宝头饰

王冠式编结珠宝头饰

主教式金色编织头饰

王冠式金色编结头饰

缠绕式单色头巾

包裹式印花头巾

单色包裹式头巾

缠绕式编结珠宝头饰

图6-4 头饰与帽子设计1

异域风刺绣头罩

异域风印花头罩

异域风立体装饰头罩

异域风立体花饰头罩

异域风披挂式珠宝头巾

异域风金属头饰

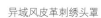

异域风皮革刺绣头罩

异域风绗缝头巾

图 6-5 头饰与帽子设计 2

夸张的羽毛头饰　　　彩色羽毛装饰　　　彩色野鸡羽毛头饰　　　彩色蝴蝶形头饰

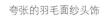

彩色羽毛头饰　　　羽毛面纱头饰　　　夸张的羽毛面纱头饰　　　彩色野鸡羽毛头饰

图 6-6 头饰与帽子设计 3

服装设计创意指南

另类珠宝头套

另类珠宝头套

另类皮革面罩

另类皮革面罩

另类夸张头罩

编结式珠宝头罩

结绳式头部装饰

结绳式头部装饰

图 6-7 头饰与帽子设计 4

三、妆容设计（图6-8、图6-9）

异域风条纹式妆容

异域风花卉式妆容

异域风羽毛式妆容

异域风几何图案妆容

异域风几何图案妆容

异域风几何图案妆容

异域风几何图案妆容

异域风几何图案妆容

图6-8 妆容设计1

僵尸型另类妆容

僵尸型另类妆容

僵尸型另类妆容

僵尸型另类妆容

僵尸型另类妆容

僵尸型另类妆容

僵尸型另类妆容

僵尸型另类妆容

图 6-9 妆容设计 2

四、颈饰设计（图6-10）

透明立体颈饰

编结颈饰

金属链条式颈饰

金属朋克风颈饰

珠宝编结颈饰

彩色羽毛颈饰

羽毛颈饰

织物颈饰

图6-10 颈饰设计

五、手饰设计（图6-11、图6-12）

贝壳手镯

贝壳编结手镯

贝壳编结手镯

珠宝编结手镯

珠宝编结手镯

透明水晶手镯

珠宝线形手镯

珠宝编结手镯

图6-11 手饰设计1

几何图案陶瓷手镯　　　　金属朋克手镯　　　　金属铜色手镯　　　　皮草装饰手镯

彩色鳄鱼皮手镯　　　　超大金属戒指　　　　镂空金属环手镯　　　　金属链条手镯

图6-12 手饰设计2

六、鞋靴设计（图6-13、图6-14）

女式平底黑色皮鞋

女式黑色高跟鞋

黑色厚底高跟鞋

黑色高跟凉鞋

女式黑色中帮漆皮鞋

女式黑色平底漆皮鞋

女式黑色高跟鞋

黑色厚底宽根高跟鞋

图6-13 鞋靴设计1

Creative ideas for Fashion Design

女式夹趾流苏休闲鞋

厚底休闲高跟鞋

女式裸色系高跟鞋

女式厚底高跟鞋

女式透明高跟凉鞋

女式豹纹高跟鞋

黑色古典式高跟鞋

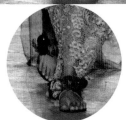

夹趾平底凉拖鞋

图 6-14 鞋靴设计 2